I0000125

152

OBSERVATIONS

Des Sieurs Eloy-Louis et Dominique-César Leleu, Freres, Négocians;

Sur un écrit intitulé: « Second Mémoire, pour les » Maîtres Boulangers; Lu au Bureau des ſubſiſtances » de l'Aſſemble Nationale.

Un Mémoire vient de paroître contre nous.

Le mauvais accueil que cet ouvrage a reçu dans les *lectures* particulieres, détermine l'auteur à le préſenter au public ſous la forme d'un *appel*. (1).

Aſſurément nous n'avons qu'à nous féliciter d'un pareil parti.

Depuis ſi long-temps que nous ſommes indignement outragés par des *lectures* clandeſtines qui ne laiſſoient aucune priſe à notre défenſe, il ne pouvoit rien nous arriver de plus heureux, que de voir enfin la *calomnie* quitter la ſubſtance fugitive qui la déroboit à nos coups, pour revêtir un corps viſible que nous puiſſions combattre avec ſuccès.

Le *mémoire* qui vient de paroître nous offre cet avan-

---

(1) Vid. le mémoire. L'auteur fait le récit des déſagrémens que l'ouvrage a éprouvés lors de la *lecture*.

BIBLIOTHEQUE ROYALE
I
(34)

tage ; & quand nous l'aurons fôumis à l'analyfe, tout le monde comprendra la raifon du mauvais accueil qu'il a reçu au bureau des boulangers, au bureau des fubfiftances de l'affemblée nationale, & chez le MINISTRE.

L'OBJET de ce mémoire eft de prouver que nous fommes les prête-noms d'une *compagnie*, fous le nom de *compagnie de Corbeil* ; que cette *compagnie* a commis des manœuvres dans le trafic des blés, & qu'il y a lieu d'exercer fur nous une répétition de près *de quatre millions.*

Pour arriver à ce réfultat, l'AUTEUR divife fon ouvrage en trois articles qui n'offrent qu'un tiffu de fauffetés, qui annoncent même qu'il n'a point la moindre idée du fujet fur lequel il prétend offrir des découvertes.

La difcuffion méthodique que nous allons faire de cette production, va prouver que nous n'avons rien exagéré.

Premiere infidélité du mémoire.

Le mémoire fuppofe perpétuellement l'exiftence d'une compagnie, qu'il appelle *compagnie de Corbeil;* il la déclare *éminemment compofée* [page 25], *opulente*, & *puiffante* [page 35].

C'eft, fuivant l'auteur, cette *compagnie* qui a caufé la *difette* de l'année derniere, par fes manœuvres fur le blé : il a fur ce point des *renfeignemens clairs & pofitifs*; &, tous calculs faits avec la derniere exactitude, il découvre qu'elle eft débitrice de *trois millions trois cent foixante & dix mille livres.*

Mais quand il s'agit de nommer les prétendus affociés, il fe borne à dire qu'il n'entend pas *fouiller fa plume de leurs noms* (1); & par une contradiction tout à fait bizarre, il déclare, dans un autre endroit, que ces aſſociés lui *ſont tout à fait inconnus* (2).

La vérité eſt que cette *opulente & puiſſante compagnie de Corbeil* eſt chimérique; elle ſe réduit à deux freres qui, par l'effet d'une réunion bien naturelle, ſe ſont chargés en commun des *moulins de Corbeil*, ſuivant les clauſes d'un traité fait avec le gouvernement, traité rendu public, & qui eſt entre les mains de tout le monde (3); & l'on ſait que ce *traité* nous obligeoit à fournir à la halle *trente-un mille* ſacs de farine par chaque année.

Nous avons pendant quinze ans rempli cet engagement avec la plus ſcrupuleuſe ponctualité; tous les miniſtres, ſous les yeux deſquels notre adminiſtration a paſſé, ont rendu juſtice à notre intégrité & à notre zele vraiment patriotique.

Mais il n'y a pas eu l'ombre d'une *compagnie*, & nous n'en avions pas beſoin. Les compagnies ne ſe forment ordinairement que par l'eſpoir d'un grand bénéfice; & notre opération ne nous rapportant que l'*intérêt* de nos fonds, à un taux au deſſous de celui du commerce, il n'y auroit guere eu de *capitaliſtes* qui euſſent été tentés de nous tenir *compagnie* à pareil prix.

---

(1) Ils s'abuſeroient étrangement, s'ils appréhendoient de voir jamais *leurs noms ſouiller les pages d'aucun de mes écrits.* [p. 35.]

(2) Aſſociés en ſimple commendite, & INCONNUS *de nous.* [p. 6.]

(3) Il en a été tiré 5000 exemplaires, qui ont été diſtribués gratuitement.

Nous n'avons jamais ſpéculé ſur les grains : jamais nous n'avons acheté ni fait acheter dans les marchés indiqués dans le mémoire ; & ſi des *agens* s'y ſont préſentés, ce ne fut jamais de notre part ; les ſeuls marchés ſur leſquels nous ayons fait des traités en 1788, ont été *Provins*, *Arcis*, *Vitri*, *Beaurieux*, & *la Fere ;* & pendant le cours de cette année, nous n'avons pas tiré de ces endroits plus de 12,000 ſetiers pour partie de notre ſervice. Nous nous ſommes interdit d'en acheter en 1789.

Entretenir la halle de Paris dans un état d'abondance, prévenir la manœuvre des vendeurs qui affectoient d'apporter peu de farine, pour la vendre plus cher, être ſans ceſſe aux aguets pour combler *le déficit* de l'approviſionnement journalier, avoir toujours ſous la main des moyens d'empêcher le ſurhauſſement du prix du pain ; voilà ce qui nous tenoit occupés ſans relâche : & cette eſpece de ſollicitude, bien loin de ſe concilier avec le trafic ſur le blé, en étoit la plus rigoureuſe antagoniſte ; car trafiquer ſur le blé, c'eſt en vendre au plus haut prix poſſible. Et au contraire, notre entrepriſe conſiſtoit à beaucoup *acheter*, pour les mettre *hors du commerce*, & les livrer à la conſommation, au plus bas prix poſſible.

Obſervons que l'AUTEUR eſt ſi peu d'accord avec lui-même, qu'un inſtant après il reconnoît que le commerce de blé étoit incompatible avec notre adminiſtration & le ſuccès de notre entrepriſe (1).

(1) Commerce diamétralement oppoſé à leurs obligations d'approviſionnement, & ſi incompatible avec le vœu de l'inſtitution de leur compagnie. [p. 13.]

Deuxieme infidélité du mémoire.

Après avoir établi l'hypothese qu'il exiftoit une *compagnie opulente & puiſſante* qui adminiftroit les moulins de Corbeil, l'auteur du mémoire laiffe encore à fon imagination le foin de fabriquer le régime & l'organifation de cette compagnie : il en indique les charges & les bénéfices, il en calcule les pertes, les avaries, & les chances heureufes, & finit par déclarer que nos engagemens n'ont point été exécutés.

La faine logique exigeoit qu'au moins il ne hafardât pas cette difcuffion, fans avoir fous les yeux les traités, les engagemens, les foumiffions faits entre la compagnie prétendue & le gouvernement, ou bien entre les *aſſociés* refpectivement.

Cette précaution étoit d'autant plus rigoureufe, que l'auteur avoit contracté l'obligation de ne dire que la plus *exacte vérité, & avec la précifion la plus feche, & avec les renfeignemens les plus clairs & les plus pofitifs.*

Néanmoins, oubliant bientôt cette obligation, il continue de s'égarer dans les hypothefes les plus abfurdes.

D'abord il annonce au gouvernement (qui ne s'en doutoit pas) qu'il a une répétition à faire de 3,370,000 liv. fur nous. Il compofe le premier article d'un principal de 900,000 livres avec fes intérêts pendant treize ans, dont il fuppofe que nous fommes dépofitaires ; & voici comment il établit cette découverte. [Pag. 11.]

Il eſt de fait *certain & indéniable*, « qu'en s'inſtallant » dans les moulins de Corbeil, les freres Leleu y ont trouvé, » tant en blé, riz & farine, qu'autres objets d'approviſion- » nement, une valeur de 900,000 livres ».

Or, dit-il, qu'ont-ils fait de cette ſomme ? Sans doute il n'eſt pas à croire que le roi leur eût laiſſé des fonds d'une telle importance *gratuitement ;* & l'auteur en conclut que nous ſommes comptables de ces fonds, à raiſon de 45,000 liv. par année depuis 1774.

Voilà le premier objet de ce tréſor qu'il lui tenoit tant à cœur de dévoiler à la communauté des maîtres boulangers, au miniſtre, à l'aſſemblée nationale, & qu'il dénonce aujourd'hui au public.

Mais il n'y a rien de plus illuſoire que cette prétendue créance, qui s'évanouit par un mot d'explication.

C'eſt un fait *certain*, & ſur lequel nous invoquons le témoignage de M. de Fargés, intendant des finances, & chargé alors du département des ſubſiſtances, qu'à notre inſtallation dans les moulins de Corbeil (au mois de ſeptembre 1774), il n'y avoit pas en magaſin un *grain de blé*.

A l'égard des *farines*, il s'en trouva environ 5000 ſacs, que M. de Fargés confia à nos ſoins ; ces farines, étant en mauvais état, furent boniſiées à force de travaux, & expédiées *gratuitement* aux facteurs de la halle qui nous furent déſignés ; le produit de ces farines, ſans paſſer même par nos mains, fut verſé dans une des caiſſes du gouvernement.

Quant au *riz*, il en exiſtoit un approviſionnement d'un *million* peſant, qui nous fut vendu par le gouvernement, & qui fut payé en nos *billets*, leſquels enſuite nous ont été repaſſés en payement par le gouvernement, quand il fut question de nous tenir compte d'une indemnité arrêtée au conseil.

Ainsi, c'est une insigne fausseté de dire que le gouvernement nous *donna* un approvisionnement considérable de *riz*, dont nous sommes comptables. VENDRE n'est pas DONNER ; sur-tout quand on a exigé & reçu le prix de la vente, comme a fait le gouvernement.

Il y a plus ; c'est que le gouvernement ayant été instruit que nous avions fait quelque bénéfice sur le riz qu'il avoit vendu, M. Taboureau exigea que ce bénéfice entrât en déduction de ce que nous avions à répéter pour notre indemnité.

Troisieme infidélité du mémoire.

On vient de voir avec quelle facilité s'est évanoui ce prétendu dépôt de 900,000 livres que le gouvernement nous avoit laissé entre les mains pendant treize ans.

Le même esprit d'exagération & le même goût pour les chimeres font dire à l'auteur que nous recevions du gouvernement une somme annuelle de 180,000 livres ; & comme ce traitement lui paroît excessif, il en forme un autre objet de restitution, que le gouvernement doit, dit-il, excercer contre nous.

Or demandez maintenant à l'auteur du mémoire où il a pris le fait, que notre traitement étoit de 180,000 livres. Est-ce dans nos *traités* ? Point du tout ; à l'époque où il écrivoit, il ne les connoissoit point ; & depuis qu'ils ont été rendus *publics*, il est prouvé que le traitement (qui dans son principe étoit de 25,000 liv.) n'a jamais excédé 77,500 l. ;

& comme il entraînoit une avance de près de 1,200,000 l., il est prouvé aussi que, durant les treize années, nous n'avons reçu que l'intérêt de notre argent à six & sept pour cent.

Ce qui sert de point d'appui à l'assertion de L'AUTEUR (pour assurer que nous recevions annuellement 180,000 l. du gouvernement), c'est, dit-il, que nous sommes employés pour cette somme annuelle de 180,000 livres dans le compte rendu & publié par M. l'archevêque de Sens.

Voici les propres termes du mémoire. [Pag. 13.]

« Dans le compte que M. l'archevêque de Sens a rendu » au Roi au mois de mars 1788, on lit, qu'il est annuelle- » ment accordé à MM. Leleu, sous diverses dénonciations » d'emplois & de réparations, *cent quatre-vingt mille* » *livres* ».

A peine avons-nous cru nos yeux, à l'aspect de ce passage. Comment supposer qu'un écrivain qui a débuté par faire le serment de ne rien avancer que la *plus exacte vérité* (1), *& appuyée sur des renseignemens clairs & positifs*, fût capable de faire une citation infidele, au risque de souffrir d'un moment à l'autre la confusion d'un démenti formel !

Nous avons promptement ouvert le compte rendu par M. l'archevêque de Sens, édition du Louvre, in-4°., & à l'article qui concerne l'établissement de Corbeil, page 155, nous avons lu ce qui suit:

« Dépenses relatives à l'approvisionnement des farines, » loyers des moulins de Corbeil, 108,000 liv. ».

Il faut avouer que c'est une étrange maniere de *lire*, que

(1) Je me suis fait une *loi* de n'y présenter que *l'exacte vérité*. Pag. [3].

de

de lire cent *quatre-vingt mille*, au lieu de cent *huit mille*; ce qui est une différence de 72,000 livres par année, & de près d'un *million* sur la totalité des treize années.

Remarquez bien que ce n'est pas une erreur *d'impression*; elle appartient toute entiere à l'auteur du *mémoire*.

Dans tout le cours de son ouvrage, il part de ces 180,000 livres, comme d'une base assurée, pour établir ses calculs. Il les replace à chaque article, & on les retrouve, tant en principal qu'intérêts, dans les *trois millions trois cent soixante & dix mille livres*, dont il a imaginé de nous constituer comptables.

Si l'auteur du mémoire, avant de lire son *ouvrage*, & de *l'imprimer*, se fût donné la peine de puiser lui-même les renseignemens à leur véritable source, il auroit bientôt appris, par les pieces les plus authentiques, que, sous le ministere de M. l'abbé Terray, l'établissement de Corbeil coûtoit au Roi, par chaque année, une perte de deux millions, ainsi qu'il est attesté par le rapport de M. Taboureau (1).

Qu'à son avénément au ministere, en 1774, M. Turgot changea la destination ténébreuse de cet établissement, en lui appliquant un caractere authentique de patriotisme & d'utilité publique, & qui permît aux bons citoyens de s'en approcher sans crainte & sans méfiance.

Que ce fut à *cette époque seulement* que nous prîmes l'administration de cet établissement, sur les pressantes sollicitations de M. Turgot, avec un traitement si modi-

(1) Voyez notre compte rendu au public, à la fin duquel le rapport est imprimé.

que (de 25,000 livres), que dès la premiere année nous fûmes en perte de 140,000 livres.

Que voulant nous retirer d'une administration aussi onéreuse, nous y fûmes sans cesse rappelés par les ministres (1).

Que dans le conseil du roi, notre résistance étant connue, le roi, avec entiere connoissance de cause, fit successivement augmenter notre traitement, qui fut définitivement fixé à 77,500 livres.

Que bien loin que ce traitement fût exorbitant, il n'offroit que l'intérêt des fonds d'avance que nous étions obligés d'employer pour la fourniture de *trente-un mille sacs de farine;* que nous n'avons jamais reçu du gouvernement une *obole* au delà de ces 77,500 liv.

Enfin, que si l'établissement de Corbeil est compris dans le compte de M. l'archevêque de Sens pour 108,000 livres, cette somme n'est pas indiquée comme formant notre traitement annuel; & qu'au contraire, la maniere dont cet article est conçu, annonce clairement qu'il y a d'autres objets distincts & séparés de ce traitement, & qui composent effectivement cette somme de 108,000 liv.

Et pour que rien ne soit inconnu au public, voici le détail de ces divers objets.

---

(2) Voyez le rapport de M. Taboureau, où ce ministre propose au roi, en *plein conseil*, de nous offrir l'expectative de quelque gratification, pour nous engager à continuer nos soins.

1°. Pour notre traitement,	77,500 liv.
2°. Loyer des moulins (1),	7,200 liv.
3°. Prime pour la fourniture de trois mille facs aux villes de Verfailles & de Saint-Germain (2),	12,000 liv.
4°. Fourniture de riz aux curés, aux filles de la Charité, & aux pauvres communautés (3),	12,000 liv.
Total, . . .	108,700 liv.

Quatrieme infidélité du mémoire.

Les bafes fur lefquelles le mémoire appuie fes calculs, pour établir que nous avons été dépofitaires d'une fomme de près de quatre *millions*, lorfqu'elles font appréciées à leur jufte valeur, ne méritent peut-être qu'un fourire de pitié.

(1) Aux termes de notre traité, le loyer des moulins étoit à la charge du roi. Vid. le *compte rendu* au public.

(2) Indépendamment de trente-un mille facs de farine deftinés à l'approvifionnement de la halle de Paris, nous avions un engagement de la même efpece pour les marchés de Verfailles & de Saint-Germain, à raifon de trois mille facs par an. M. Lambert, convaincu de l'utilité de cet établiffement, avoit voulu y faire participer ces deux villes.

(3) Tous les ans, le gouvernement faifoit diftribuer pour 12,000 livres de riz, pendant le carême, aux curés de Paris, & il nous avoit engagés à nous charger de cette fourniture, pour laquelle on nous alloua 12,000 liv. Nos livres de commerce prouvent que nous avons fourni annuellement cette provifion.

Mais il en eſt autrement de la ſuppoſition que l'auteur adopte, pour juſtifier le ſyſtême de reſtitution qu'il a imaginé ; ſuppoſition outrageante, qui force l'eſprit le plus modéré de ſe livrer à une juſte indignation.

L'auteur *ſuppoſe* en effet que cette reſtitution doit être la peine de l'*inexécution de nos engagemens*. C'eſt là ſon argument favori. Otez-lui cette hypotheſe d'*inexécution dans les engagemens*, il eſt réduit au ſilence, & il ſe trouvera ſans reſſource.

Mais pour ſoutenir que nous ſommes reſtés au deſſous de nos engagemens vis-à-vis du gouvernement, il faudroit commencer par connoître la nature de notre engagement, ſon étendue, ſes diſpoſitions, le titre où il étoit conſigné; car raiſonner ſur un engagement ſans le connoître, on avouera que c'eſt le comble de l'inconſéquence & de l'indiſcrétion.

Or c'eſt un fait inconteſtable, que l'AUTEUR du mémoire n'a eu aucune connoiſſance de notre traité fait avec le gouvernement ; & à défaut de cette connoiſſance, il compoſe un traité au gré de ſon imagination.

Il prétend que notre engagement conſiſtoit à nous charger des moutures de tous les blés deſtinés à l'approviſionnement de Paris, à raiſon de trente ſous par ſetier. [page 10.]

Et que c'étoit à nous qu'il appartenoit de faire venir à Paris tous les blés & toutes les farines néceſſaires à la conſommation de la capitale.

Le *principe poſé* (1), il ſe met à ſon aiſe, en nous

---

(1) Voici encore une fois le *principe* poſé. [page 19.]

reprochant d'avoir laissé la capitale manquer d'approvisionnement & livrée au danger de la disette. Est-ce là, s'écrie-t-il, avoir rempli vos engagemens? Et si vous n'avez pas rempli vos engagemens, ne devez-vous pas restituer les fonds que vous n'aviez reçus qu'à cette condition? Savoir, 900,000 livres d'une part, avec les intérêts pendant treize ans; & de l'autre part, 180,000 liv. durant le même espace de temps.

» Il est *indéniable*, ajoute-t-il, que la compagnie n'a » point approvisionné, puisque c'est un fait notoire qu'à » l'époque de l'augmentation des prix, elle avoit ses gre» niers vides; lorsque le plus sacré de ses engagemens étoit » de ne *les tenir jamais dépourvus* ». (Pag. 19.)

Cette déclamation injurieuse est ruinée d'un seul mot. C'est qu'il n'est pas vrai que notre engagement consistât à tenir l'approvisionnement complet dans la capitale, & fournir les moutures de tous les blés destinés à sa consommation.

Notre engagement consistoit à fournir annuellement *trente-un mille sacs de farine*, suivant les proportions & les époques indiqués par le traité (1). Voilà quelle étoit notre obligation.

---

(1) « Nous soussignés Eloy-Louis Leleu, &c. nous soumettons » envers le Roi, pour 3 ou 6 années, en s'avertissant respective» ment d'avance, qui commenceront au 1 janvier 1788, de fournir, » *si besoin est*, pour la consommation de la ville de Paris, pendant » chacune desdites 3 ou 6 années, *la quantité de trente & un mille* » *sacs de farine*, bonne, loyale & marchande, du poids de 325 » chacun, aux époques ci-après indiquées; savoir:

Nos *trente & un mille sacs* étant fournis, le surplus de l'approvisionnement de Paris nous étoit étranger.

Il y a plus; c'est que nous ne devions les porter à la halle qu'en *cas de besoin.* C'est une condition formelle du traité, *si besoin est*, parce que ces *trente-un mille* sacs de farine n'étoient qu'une ressource de précaution contre l'accaparement. Ce magasin, placé aux portes de Paris, formoit (comme nous l'avons déjà observé dans notre *compte rendu*) une espece de guet qui surveilloit le surhaussement de la denrée, une contrebatterie toujours en activité, pour déconcerter les manœuvres des accapareurs.

L'*AUTEUR* du mémoire s'est donc étrangement égaré, quand il nous a considérés comme étant tenus, par notre engagement, de faire l'approvisionnement de Paris; & toutes les conséquences qu'il tire à perte de vue d'une *donnée* aussi fausse, sont autant d'absurdités.

Par exemple, n'est-ce pas une absurdité de la premiere force que cette interpellation qu'il nous fait, page 25,

---

7000 sacs au 1 janvier.
6000 sacs au 1 avril.
6000 sacs au 1 juillet.
6000 sacs au 1 octobre,
de chaque année.

Nous nous *obligeons* d'avoir, en outre, toujours en magasin une quantité de 6000 sacs de farine, à la disposition de l'administration, que nous apporterons à la halle, sur les ordres de M. le lieutenant de police, dans les momens où la fourniture ordinaire lui paroîtroit insuffisante.

de répondre *juridiquement* (il veut dire *cathégoriquement*) à la queſtion qui ſuit ?

Avez-vous jamais eu, & pourquoi avez-vous eu vos greniers vides ?

La réponſe eſt fort ſimple.

Tant que l'adminiſtration n'exigeoit nos *trente-un mille ſacs de farine* qu'aux époques indiquées, c'eſt-à-dire, par *quartiers*, nos magaſins ne préſentoient aucun *vide*, parce qu'ils étoient ſucceſſivement garnis pour le trimeſtre courant.

Mais l'imperfection de la ſemaille de 1788, le fléau de la grêle & celui de l'*exportation*, ayant amené la diſette, le gouvernement, réduit à l'impuiſſance d'attendre le retour périodique de nos livraiſons, nous demanda de déployer toutes nos forces ; ce qui ne put s'opérer que par le verſement continuel à la halle de Paris, des farines qui exiſtoient dans nos magaſins, & par des achats conſidérables dans la *Flandre autrichienne*, l'*Angleterre*, la *Hollande*, l'*Allemagne*, & la *Pruſſe*.

Ainſi, cette dénudation de nos magaſins, bien loin de pouvoir être l'objet d'un reproche raiſonnable, eſt un nouveau témoignage de notre zele & de notre déſintéreſſement.

Mais il eſt faux que nos moulins aient jamais reſté dans l'inaction, comme le prétend l'auteur du mémoire : au contraire, nous ajoutâmes un ſurcroît de *trente-cinq moulins*, qui furent ſans relâche occupés.

Lorſque nos magaſins ne nous fourniſſoient pas aſſez pour les employer tous, nous propoſâmes au Gouvernement d'occuper l'excédent, avec le blé qu'il avoit tiré de l'étranger.

Cette propoſition fut accueillie avec empreſſement, &

nous eûmes la satisfaction d'expédier chaque semaine deux mille cinq cents sacs de farine de 325 livres, dont la majeure partie fut destinée aux halles de Paris & de Versailles.

Tout ce que dit le mémoire sur *l'inexécution de notre engagement*, est donc d'une absurdité révoltante.

Si nous eussions jamais été un instant en arriere de nos engagemens, le gouvernement n'auroit pas manqué de nous y rappeler. Nous avions un trop grand nombre d'*inspecteurs* & de *surveillans* pour que la moindre négligence fût pardonnée; mais bien loin d'avoir encouru aucun reproche, notre zele nous porta toujours au delà de nos étroites obligations. C'est la justice qui nous a été rendue hautement dans le *conseil du roi*, & qui a servi de motif pour augmenter notre traitement. [*Vid. le rapport de M. Taboureau.*]

Et il n'y a pas à dire que nous devons ce témoignage honorable à la faveur momentanée d'un ministre dont nous aurions capté la bienveillance; ce n'est pas le suffrage d'un *seul* ministre qui a reconnu l'utilité de nos travaux, notre désintéressement, & l'*exécution ponctuelle de nos engagemens*; c'est le nombreux concours de *ministres* qui se sont succédés si rapidement depuis 1774, & qui, *divisés* entre eux, ne se sont trouvés d'accord que pour nous rendre justice, à commencer depuis M. *Turgot*, jusqu'à M. *Lambert*.

Assurément on ne soupçonnera pas chez ces ministres une intelligence combinée pour nous favoriser; on sait trop bien que le systême ministériel ne connoît pas les protections *héréditaires*. Chaque ministre arrive à sa place avec ses vues, ses systêmes, ses plans, ses agens, & ses protégés.

Si

Si donc il s'étoit trouvé le moindre défaut dans nos opérations, la moindre inexactitude dans nos engagemens, croyez que notre existence eût été de courte durée, & que nous n'eussions guere survécu à la main qui nous avoit placés. Il a fallu, pour nous maintenir, la force entraînante de l'*évidence*, qui ne laisse pas d'accès aux soupçons ni aux reproches.

Il a fallu ce sentiment intime de justice naturelle, qui tyrannise, pour ainsi dire, la conscience, & qui subjugue l'intérêt personnel.

C'est cette espece de puissance qui nous a défendus contre les intrigues des *accapareurs*, ennemis jurés d'une administration qui déconcertoit leurs manœuvres.

Leur ressentiment s'étant manifesté l'hiver dernier dans un libelle, produit sous la forme d'un *mémoire* adressé au ROI, sa majesté, instruite personnellement (par les détails qui, depuis quinze ans, étoient agités dans son conseil) de la calomnie de ces inculpations, nous a vengés de cette persécution, par le témoignage le plus honorable de notre intégrité & de notre patriotisme (1), & par la proscription flétrissante de cet écrit (2).

(1) » Qui non seulement se sont acquittés, avec la *plus grande exactitude* d'un service particulier, destiné au secours de la halle de Paris, » mais qui même ont donné, en différentes circonstances, des marques » de leurs *sentimens patriotiques* & de *leur désintéressement*, en coopérant » avec le plus grand zele au soulagement des cantons qui éprouvoient » des besoins ». [Arrêt du conseil du 10 juin 1789.]

(2) Supprimé, « comme injurieux, CALOMNIEUX, & *diffamatoire* ». Ibid.

Enfin, puifqu'on nous y force, nous allons parler d'un dernier bienfait de fa majefté, qu'un fentiment de modeftie nous a fait taire jufqu'à ce moment, mais qu'il ne nous eft plus permis de laiffer ignorer.

Le monarque vertueux qui nous gouverne, témoin du dévouement foutenu dont nous n'avions ceffé de donner des témoignages, daigna s'occuper d'une récompenfe proportionnée à la nature de nos fervices. Notre défintéreffement connu, annonçant affez que la fortune n'étoit pas l'objet de notre ambition, SA MAJESTÉ penfa, que c'étoit l'occafion de décerner à nos fuccès & à nos foins cette efpece de *couronne civique* qui eft à la difpofition de nos rois ; nous voulons dire *l'anobliffement*, afin que la récompenfe portât le même caractere que le fervice auquel elle étoit appliquée (1).

Nous favons très-bien qu'on ne doit plus connoître d'autre titre que, celui de *citoyens*, & qu'il n'y aura de NOBLESSE que dans le *patriotifme* ; mais c'eft précifément cette confidération qui donne une valeur réelle au prix que nous avons obtenu, puifqu'il a pour bafe ce motif glorieux, qui fera déformais le feul principe légitime de la *nobleffe*, le feul que lanation avouera, & dont il fera permis de fe faire honneur.

Auffi nous ne l'invoquons pas aujourd'hui comme un titre qui nous donne la moindre fupériorité fur nos concitoyens, mais comme un monument authentique de nos

(1) Ces lettres de *nobleffe*, en date du premier juillet 1782, ont été enregiftrées dans toutes les cours.

ſervices & de notre zele, & comme un démenti formel des calomnies prodiguées contre nous (1).

Cinquieme infidélité du mémoire.

REPROCHE D'EXPORTATION.

Nous venons de voir l'auteur s'obſtiner à prétendre que nous n'avions pas rempli notre engagement vis-à-vis du gouvernement, lorſque le gouvernement, au contraire, rend hommage à notre exactitude, & que le Souverain daigne la récompenſer par une faveur honorable.

A préſent, nous allons voir l'auteur ſoutenir que nous avons fait *l'exportation*.

---

(1) Un caractere qui eſt propre à tous nos travaux, c'eſt une tendance conſtante au bien public & au ſoulagement du peuple, en provoquant toujours le rabaiſſement des denrées.

« Depuis vingt ans ils font, avec autant *d'honneur* que d'intelli» gence, le commerce le plus étendu.

» Notre marine leur eſt redevable de pluſieurs établiſſemens » eſſentiels, & *beaucoup moins onéreux* pour nos finances, que par » le paſſé. C'eſt par leurs ſoins qu'en 1769, les eaux-de-vie » (liqueur d'abſolue néceſſité pour une très-grande partie de nos » ſujets), étant montée à un prix exceſſif, ſont redevenues à leur » taux ordinaire, & *l'abondance a été rétablie*.

« En 1774, les blés ayant été également portés à des prix ſi » exceſſifs, *que le pauvre ne pouvoit pas y atteindre*, ils en firent » arriver, par les ports de Normandie, une quantité ſi conſidérable, » que cette denrée éprouva *la plus grande diminution*. Notre bonne ville » de Paris ſe reſſentit bientôt de cette diminution; & c'eſt *par leur fer» meté & leur activité, que le prix des blés n'a pas tardé à ſe remettre à » ſon taux ordinaire*, *&c.* » (Préambule des lettres de nobleſſe.)

On pense bien qu'il ne va point s'assujettir à présenter les pieces justificatives de cette inculpation ; au contraire, il débute par déclarer que ce commerce a été enveloppé *du voile d'un impénétrable & imposant mystere.* [Page 22].

Mais peu effrayé de cette difficulté, qui semble condamner d'avance son accusation, l'auteur entreprend de percer cette *enveloppe impénétrable*, par la sagacité de ses raisonnemens.

Il revient d'abord à la premiere hypothese, *que nous étions dépositaires d'une somme considérable pour l'approvisionnement de Paris.*

Ensuite il reproduit sa seconde hypothese (aussi fausse que la premiere), sur l'*inéxécution de notre engagement.*

Et de tout cela, il conclut, qu'ayant une somme aussi considérable entre les mains, nous avons dû incontestablement l'employet à l'exportation.

Et l'auteur a tant de crainte que nous ne puissions justifier ce trafic & cette exportation par quelque *autorisation*, qu'il s'empresse de prévenir le public du peu de considération que mériteroit une pareille justification.

« Leur commerce, dit-il, ne *cesseroit* pas d'être illi-
» cite, quand il feroit *autorisé* par de simples lettres offi-
» cielles des ministres. [Page 14].

» S'il arrivoit à la compagnie de Corbeil de se préva-
» loir de *quelques arrêts du conseil*, elle ne feroit qu'admi-
» nistrer contre elle la preuve de la plus condamnable sur-
» prise. [Page 15.]

» Si la *commission primitive* de cette compagnie abusive
» venoit à se trouver avoir reçu des *interprétations*, des
» *extensions* par des *arrêts du conseil* postérieurs, & non

» *enregiſtrés* (1), elle ſeroit par-là un monument de plus de » la profuſion condamnable de pareils arrêts. [Page 16] ».

Mais que l'auteur ſe raſſure, & qu'il calme ſes inquiétudes. Nous n'avons pas beſoin d'invoquer à notre aide, ni *lettres officielles*, ni *arrêts du conſeil enregiſtrés*, ni *commiſſion primitive*. Pas un mot de tout cela n'entrera dans notre défenſe, qui eſt d'un genre bien plus ſimple & bien plus tranchant. C'eſt qu'il eſt FAUX que nous ayons jamais *exporté* un ſac de blé, & nous portons le défi le plus formel à qui que ce ſoit de produire le moindre indice d'une pareille exportation.

Et certes, c'eſt être bien mal-adroit que de nous adreſſer ce reproche, à nous qui avons hautement combattu le ſyſtême de l'exportation, auprès d'un miniſtre impérieux & tout-puiſſant, qui avoit le malheur d'adopter cette doctrine meurtriere.

Si l'auteur eût fait la moindre recherche dans les bureaux du *contrôle général*, il auroit bientôt rencontré ſous la main notre *mémoire* préſenté au principal miniſtre le 14 août 1788, dans lequel nous parlons de l'exportation, comme d'un fléau qui devoit occaſionner la famine pour l'hiver ſuivant (ce qui n'a pas manqué d'arriver).

Il y auroit vu que parmi les moyens que nous indiquions au *principal miniſtre*, pour prévenir la diſette, nous mettions en tête la *défenſe de la ſortie des grains hors du royaume, & la clôture des ports.*

Qu'au lieu d'exportation, nous propoſions de faire venir de Hollande ſeize mille ſetiers de blé.

---

(1) Perſonne n'ignore qu'un arrêt du conſeil n'eſt pas ſuſceptible *d'enregiſtrement*.

Sans ces précautions, nous annoncions au miniſtre que notre établiſſement ſe trouveroit hors d'état de répondre au but de ſon inſtitution, & de rendre à la capitale les ſervices qu'elle en avoit retirés juſques-là.

Or on conçoit bien que pour être en droit de parler ainſi au miniſtre, pour avoir le courage de combattre ſes principes & ſon ſyſtême, & de cenſurer ſon opération, il falloit être parfaitemens intacts du côté de *l'exportation* ; autrement ç'eût été un acte d'audace & de perfidie, qui n'auroit pas reſté long-temps ſans vengeance de la part du miniſtre contrarié. Mais la pureté de notre conduite autoriſoit nos remontrances, & nous étions ſans crainte, parce que nous étions ſans reproche.

C'eſt un ſubterfuge bien odieux, que celui dans lequel ſe renferme le rédacteur du mémoire, en diſant que cette exportation a été *enveloppée du voile impénétrable du myſtere.*

Mais d'abord nous dirons à l'auteur : « Si le fait eſt ſous » un *voile impénétrable*, vous ne deviez donc pas le haſarder comme un fait certain & poſitif ; car le premier » devoir d'un accuſateur eſt de ſe munir des pieces juſtificatives de ſon accuſation, ſans quoi il s'expoſe au ſoupçon » de calomnie : autrement il n'y auroit plus rien de ſacré » dans la ſociété, & les réputations dépendroient du premier forcené qui voudroit les détruire ».

D'un autre côté, n'eſt-ce pas une dériſion d'alléguer, que ſi l'on manque de preuves de l'exportation qui nous eſt imputée, c'eſt parce que nous avons eu ſoin de *l'envelopper du myſtere?* Cette excuſe ſeroit tout au plus admiſſible, s'il s'agiſſoit d'un tranſport rapide & momentané qui pût facilement ſe dérober aux regards, tel que ſeroit un *diamant*, un *papier*, &c.

Mais il ne pouvoit pas exiſter de *myſtere impénétrable* pour une exportation de *quarante mille ſetiers* de blé, & une opération qu'on ſuppoſe avoir duré pluſieurs mois. *Quarante mille ſetiers* ne ſe tranſportent point du ſein de la France en pays étranger, ſans le concours de nombreux confidens & d'agens de toute eſpece, qui détruiſent l'idée d'un *myſtere impénétrable.*

Une foule de témoignages de toute eſpece s'éleveroient contre nous, ſi nous euſſions fait l'exportation; & ce ſeroit de notre part le comble du délire, de nier un fait dont la manifeſtation ſeroit auſſi facile.

Mais ſi notre adverſaire, muni de tant de reſſources pour ſe procurer la preuve de ſon imputation, eſt aujourd'hui réduit à invoquer le *myſtere impénétrable* de cette exportation, il n'y a perſonne qui ne reconnoiſſe dans cette ridicule aſſertion le caractere de la *calomnie.*

Il eſt vrai qu'en déſeſpoir de cauſe, l'auteur du mémoire offre au public, pour preuve de ſon accuſation, cette circonſtance : « Que les blés *importés* ſe ſont trouvés re» vêtus de ſacs qui nous appartenoient ». D'où il conclut que ce n'étoit qu'une *réimportation* de blés que nous avions déjà fait exporter; & il invoque, à l'appui de cette *identité de ſacs*, le témoignage du ſieur *Leger*, marinier ſur la riviere de Seine, qu'il aſſure être l'*homme le plus propre à donner & à ſuivre le fil de cette horreur.* [page 34.]

Mais bien loin de redouter ce ſieur *Leger*, dont il nous menaçe, nous ſommes les premiers à lui porter le défi public de rien produire qui ſoit capable d'établir un *convoi d'exportation* de notre part.

Sans doute ce sieur *Leger* a pu dire à l'auteur du mémoire, avoir reconnu, *dans les convois d'importation*, les sacs qui portoient notre *marque*, parce qu'effectivement les blés que nous faisions venir de l'étranger étoient revêtus de nos sacs (ainsi que nous l'expliquerons dans l'instant).

Mais le sieur *Leger* (instruit comme il est dans cette matiere) n'a jamais pu en tirer l'induction que lui suppose l'auteur du mémoire ; & quiconque à suggéré à celui-ci une pareille conséquence, a cherché à égarer son inexpérience.

En effet, l'auteur du mémoire auroit dû apprendre que le blé tiré de l'étranger *par mer* nous arrive de deux manieres, ou par sacs, ou en *grenier* (autrement dit, en *vraque*).

Mais que le transport par *sacs* est peu usité, parce que les sacs sont un objet considérable de dépense, & que la difficulté d'en réunir la quantité suffisante, nuiroit à la célérité de l'expédition.

L'usage a donc prévalu de charger le blé en vraque ou grenier, en tapissant de nattes l'intérieur du vaisseau ; & c'est de cette maniere qu'une partie de nos blés nous est arrivée des ports de *Hollande*, d'*Allemagne*, de *Prusse*, & d'*Angleterre* (1).

Nos blés rendus dans les ports de France, nous trouvions plus de sûreté dans leur exportation & plus de célérité dans leur expédition, en les faisant mettre dans des sacs que nous y envoyions, de maniere que nos blés nous parvenoient dans nos propres sacs.

(1) Voyez la liste des Navires à la fin du Mémoire.

Voilà

Voilà précisément la marche que nous avons suivie chaque fois que nous avions des sacs à notre disposition, en envoyant à Rouen & au Havre la quantité proportionnée à celles des blés que les navires apportoient. Les sieurs Bailly, entrepreneurs de voitures par terre, étoient chargés de cette opération; on peut consulter leur registre; & le sieur Leger lui-même a fait porter de pareils sacs au Pont de l'Arche, pour y décharger un bateau de blé retenu dans les glaces & dont le transport par terre pour Corbeil lui a été confié.

C'est ainsi que l'explication la plus simple & la plus naturelle fait évanouir l'importance que l'auteur du mémoire affectoit de donner à l'identité des sacs.

C'est encore ainsi qu'en le suivant pas à pas, on ne rencontre dans tout l'ouvrage qu'erreurs, inconséquences, & infidélités.

D'après cela, quelle autre destinée cette production pouvoit-elle attendre que celle qu'elle a déjà éprouvée? Et comment l'auteur, environné de tant de moyens de s'éclairer sur son injustice & sur ses erreurs, a-t-il pu persévérer dans la cruelle résolution de calomnier des citoyens honnêtes, qui ont consumé la plus belle moitié de leur carriere au service de leur patrie?

Au surplus, l'*appel* qu'il a interjeté devant le public, en sera pas tout à fait infructueux.

A côté d'un mal, se trouve presque toujours quelque bien; semblable à ces plantes empoisonnées que l'industrie humaine fait mettre à contribution pour notre conservation, cette production diffamatoire ne restera pas sans quelque utilité.

Son mauvais ſuccès ſera pour l'auteur un avertiſſement ſalutaire de ſe tenir en garde contre ſa propre foibleſſe; de ne point prêter ſa plume à des intérêts particuliers, maſqués ſous l'apparence de *patriotiſme ;* de ne point employer de matériaux dont il ne connoiſſe la ſource ; de ne point adopter de *calculs* ſur la foi d'autrui; & de ne point faire de *citations* qu'il n'ait *vérifiées.*

Cette production nous ſera utile à nous-mêmes, en ce qu'en développant toutes les ſources de nos calomniateurs, elle manifeſte la foibleſſe de leurs moyens, & nous a mis à portée de produire notre défenſe au grand jour.

Elle ne ſera pas encore en pure perte pour le public, qui, par cet exemple, reconnoîtra quels efforts & quelles manœuvres ſont employées pour ſurprendre ſa bonne foi.

Signé LELEU.

COPIE de la lettre de M. NECKER à MM. LELEU.

Du 26 Septembre 1789.

J'AI vu, Meſſieurs, avec une véritable peine que vous ayez été expoſés à des inquiétudes & à des chagrins dont vos ſervices & votre conduite auroient dû vous garantir ; & s'il convenoit au Comité des ſubſiſtances de Paris de vous conſerver la direction des établiſſemens où vous avez donné des preuves de votre zele, je crois que vous ne pourriez lui refuſer vos ſoins. Soyez perſuadés qu'en toute occaſion vous me trouverez diſpoſé à vous rendre la juſtice qui vous eſt due, & à vous donner des preuves d'eſtime & d'intérêt.

Je ſuis parfaitement,

Meſſieurs,

Votre très-humble & très-obéiſſant ſerviteur,
Signé NECKER.

ETAT des navires arrivés au Havre & à Rouen, chargés de blé pour le compte de MM. LELEU, & qui avoient été expédiés de différens ports du Nord, par les correspondans ci-après nommés.

MESSIEURS,

Bakman. . . . . Tamise, Flandres Autrichienne.
Christ. J[n]. Bathsen & C[gie]. . . . . Memet.
Godeffroy. . . . . Hambourg.
Teissier, Angely, & Massac . . . . Amsterdam.
J[n]. Osy & fils. Rotterdam.
Baril & Daubus. . . . . Londres.

Nombre des Navires.	Lastz.	
1	40	Les Quatre Freres.
1	37	Le Jeune Jean de Viendam.
1	48	La Comete Errante.
1	49	Le Jeune Cornelli.
1	46	La Bonne Espérance.
1	30	Le Christiana.
1	38	Le Dejonge Viets.
1	33	Laventure.
1	70	La Dame Akerman.
1	60	Die. Wachsemkiel.
1	94	La Dame Marie-Margueritte.
1	35	Le Jeune Ulerik.
1	62	Le Mercure Volant.
1	49	L'Amitié.
1	100	Recvaart.
1	33	De Vienne Mantschappy.
1	27	Peckacerder.
1	24	Jony Joannes.
1	24	Thé Sisters.
1	18	Wincloallegheid.
20	917	

Nombre de Navires.	Lasts.	
20	917	*De l'autre part.*
1	27	Fuends Goudville.
1	19	Vervagsting.
1	21	Dejouge Hendriens Joannes.
1	18	Wilffelvallegkeid.
1	23	De Jong Heudrik.
1	37	Les Deux Freres.
1	36	Les Quatre Freres.
1	48	Sophia Lebora.
1	50	La Duchesse d'Auvray.
1	43	Wrouw Elisabeth.
1	8	Den Endragt.
1	50	Juffer Gesina.
1	39	Thé Lord.
1	36	La Jeune Hindrik.
1	40	Le Nancy.
1	55	Le Jeune Hindrish.
1	46	Le Jeune Ulerik.
1	54	Le Jeune Popslin.
1	20	Le Vatrefort.
39	1607	Lasts, faisant 31,000 setiers de blé.

ETAT *des farines tirées tant de l'étranger que des provinces réputées étrangères.*

21,935 de la Flandres Autrichienne & Françoise, arrivées par terre à l'Enfant Jesus & à Corbeil.

459 Barils.

7,746 Sacs venus de Boston, Yarmouth, sur les navires Lasaunah, Le Sally, la Princesse Royale, les Trois Freres, L'Actif, L'Endeavour, le Vaterford, & le Jeune Corneil.

30,140 Sacs de farines.

A Paris. De l'Imprimerie de DEMONVILLE, rue Christine, 1789.

Au moment où nous nous disposions à donner au Public de nouvelles Observations pour achever de détruire la calomnie, nous sommes informés que l'on débite que nous envoyons à la Halle de Paris des farines de mauvaise qualité; on nous invite à nous en justifier, en déclarant que dès le 22 juillet dernier, ayant plus que rempli notre engagement avec le Gouvernement pour toute l'année 1789, nous avons, à cette époque, entierement quitté les établissemens de Corbeil; c'est donc à tort que notre nom continue à paroître sur les Lettres de Voitures; Sacs & autres expéditions qui en dérivent, ou dans tous autres approvisionnemens pour la subsistance de Paris.

170

TRAITÉ
DE L'ASTRONOMIE
INDIENNE ET ORIENTALE.

610

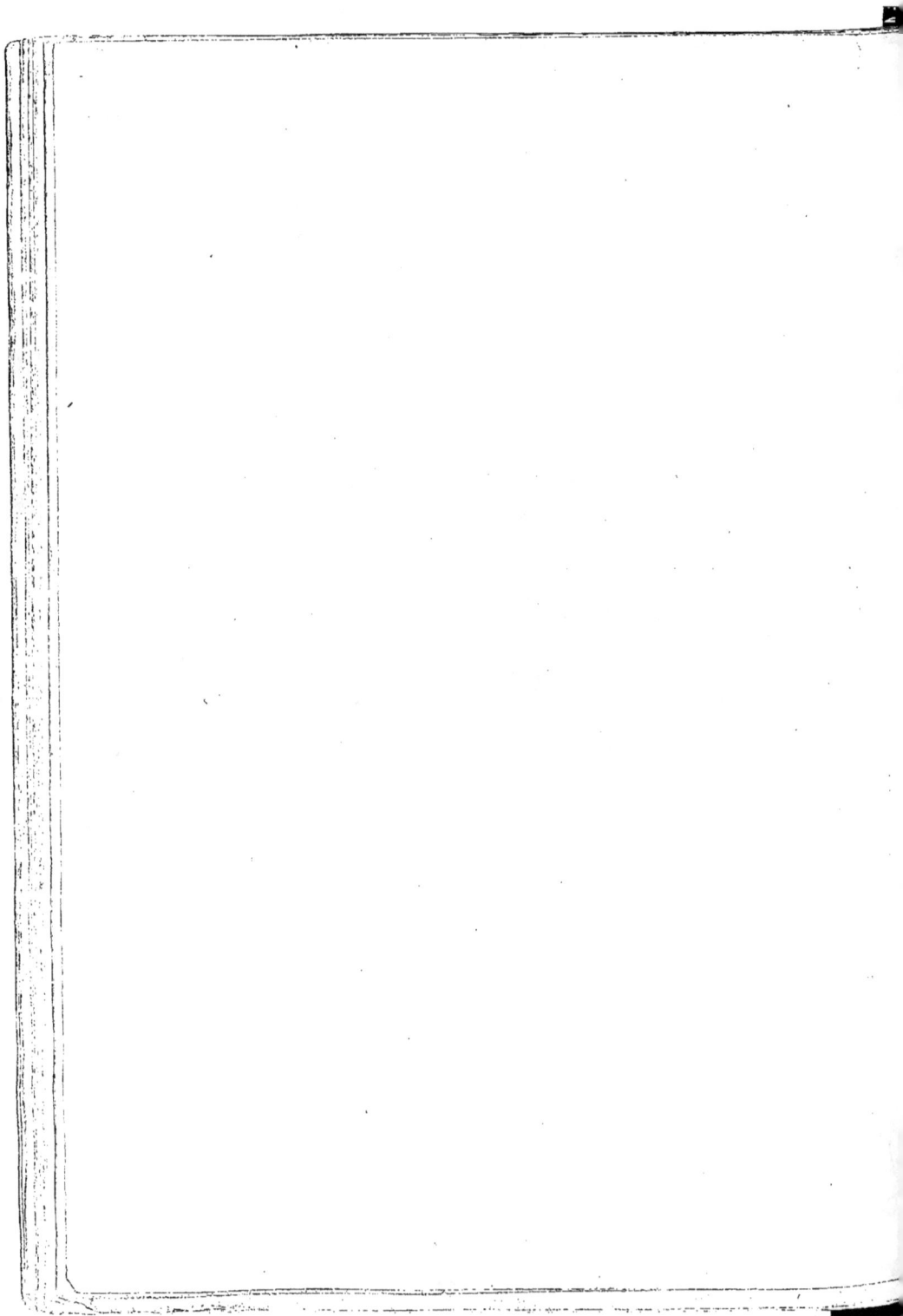

www.ingramcontent.com/pod-product-compliance
Lightning Source LLC
Chambersburg PA
CBHW070745210326
41520CB00016B/4574